Inhaltsverzeichnis

Inhaltsverzeichnis

Gesine Bertelsen

Ein rätselhafter Todesfall

Aufklärung eines Mordfalles im naturwissenschaftlichen Unterricht

Materialien für den naturwissenschaftlichen Unterricht

Klassen 5/6 – Heft 2 Schülerheft

Materialien für den naturwissenschaftlichen Unterricht: Klassen 5/6
Herausgegeben von Reinhard Demuth und Helmut Prechtl
Leibniz-Institut für die Pädagogik der Naturwissenschaften und Mathematik (IPN), Kiel

Heft 2: Ein rätselhafter Todesfall – Schülerheft
Autorin: Gesine Bertelsen
Grafische Gestaltung: Gesine Bertelsen und Emanuel Kaiser

Abbildungsnachweis:
Alle Abbildungen stammen von Gesine Bertelsen und Emanuel Kaiser – IPN, Kiel

Das Materialienheft ist im Rahmen der Projekte NaWi-5/6 und NaWi-aktiv entstanden, die vom Land Schleswig-Holstein und der Deutschen Post gefördert werden.
Informationen und Kontakt: www.nawi-5-6.de; www.nawi-aktiv.de

Bibliografische Information der Deutschen Nationalbibliothek

Die Deutsche Nationalbibliothek verzeichnet diese Publikation in der Deutschen Nationalbibliografie; detaillierte bibliografische Daten sind im Internet über ›http://dnb.d-nb.de‹ abrufbar.

ISBN 978-3-8340-0912-8 – **5. unveränderte Auflage**
Schneider Verlag Hohengehren, 73666 Baltmannsweiler
Homepage: www.paedagogik.de

Printed in Germany. Druck: Appel & Klinger, Schneckenlohe

Heinrich Reichstein

Charlotte Ellinger

Stefan Lutz

Erwin Eisenhut

Dr. Senkfieber

Kommissar Fuchs

Camilla Klug

Adelheid Lauschner

Wilfried König

Ein rätselhafter Todesfall

Charlotte Ellinger arbeitet als Haushaltshilfe bei Heinrich Reichstein. Als sie am Morgen des 1. September gegen 8.00 Uhr die Villa betritt, ist die Haustür unverschlossen. Das ist nichts Ungewöhnliches, denn Herr Reichstein ist Frühaufsteher und die Haustür schließt er nur nachts ab oder wenn er nicht zu Hause ist. Aber es ist so seltsam still. Charlotte wundert sich. Wenn sie morgens zur Arbeit kommt, dudelt gewöhnlich das Radio. Herr Reichstein liebt Schlager.

Charlotte ruft laut „Guten morgen, Herr Reichstein" und beginnt mit der Arbeit. Zuerst geht sie ins Badezimmer. Sie sieht gleich, dass das Waschbecken noch nicht benutzt wurde. „Ob etwas mit Herrn Reichstein nicht stimmt?", fragt sie sich.

Sie geht nach oben zum Schlafzimmer und klopft vorsichtig an. Nichts. „Herr Reichstein?" fragt sie vorsichtig und öffnet die Tür einen Spalt breit. Heinrich Reichstein liegt reglos im Bett. Charlotte tritt vorsichtig ins Zimmer und geht auf leisen Sohlen ans Bett. Ihr wird ganz mulmig. Sie kann keinerlei Atemgeräusche vernehmen und die Bettdecke hebt und senkt sich auch nicht. Charlotte hat einen furchtbaren Verdacht. Sie eilt mit klopfendem Herzen zum Telefon und wählt mit zitternden Fingern die Nummer von Heinrich Reichsteins Hausarzt Dr. Senkfieber.

Dr. Senkfieber erscheint unverzüglich und bestätigt die Befürchtung der Haushälterin: Heinrich Reichstein ist tot. Dr. Senkfieber benachrichtigt die Kriminalpolizei. Reichstein war zwar nicht mehr der Jüngste, aber gerade vor zwei Wochen war er beim Gesundheitscheck bei Senkfieber und dieser hatte keine ernsthaften gesundheitlichen Probleme bei dem rüstigen alten Herrn festgestellt.

Die Spurensicherung der Kripo untersucht die Villa und den Garten gründlich und findet tatsächlich einige Spuren, die zur weiteren Überprüfung ins Kriminallabor gegeben werden.

Sichergestellte Spuren

1. Heinrich Reichsteins Testament in der Schreibtischschublade
2. Fingerabdrücke an verschiedenen Gegenständen
3. Ein Glas mit einem dunklen Getränkerest auf Reichsteins Nachttisch
4. Erdreste an verschiedenen Stellen des Hauses

Mein letzter Wille

Ich, Heinrich Reichstein, geboren am 15 Juli 1926 in Kiel,
bestimme hiermit im Vollbesitz meiner geistigen Kräfte, dass mein
Vermögen nach meinem Tode wie folgt aufgeteilt werden soll:

Meinem Neffen, Stefan Lutz, vermache ich . . . . 550000 Euro.

Stefan möchte ich an dieser Stelle dringend raten,
seinen Lebenswandel zu ändern!

Meiner Haushälterin, Charlotte Ellinger,
vermache ich . . . . 100000 Euro.

Charlotte, Sie sind wirklich eine treue Seele!

~~Meinem Gärtner, Erwin Eisenhut, vermache ich . . 15000 Euro.~~

Mein Haus und den Rest meines Vermögens
vermache ich dem Tierschutzverein, mit der Bitte, den lieben
Vierbeinern auf meinem Grund und Boden ein unbeschwertes
Dasein zu ermöglichen.

Kiel, den 15.4.2009 Heinrich Reichstein

Wir vergleichen Filzstifte

Du brauchst:

Geräte: Becherglas (100 ml), 2 Filterpapierstreifen, Holzspan, Bleistift

Stoffe: 2 schwarze Filzstifte (verschiedene Hersteller), Wasser

Aufgabe:

- ✓ Trage auf den Filterpapierstreifen etwa 2 cm vom unteren Rand entfernt jeweils mit einem der Filzstifte einen dicken Punkt auf.
- ✓ Notiere oben auf dem Filterpapierstreifen mit Bleistift, um welchen Stift es sich handelt.
- ✓ Fülle ca. 30 ml Wasser in das Becherglas.
- ✓ Pieke den Holzspan etwa 1 cm unter dem oberen Rand durch die beiden Filterpapierstreifen. Die Papierstreifen dürfen sich nicht berühren, sie müssen etwa 2 cm Abstand haben.
- ✓ Lege den Holzspan nun über das Becherglas, so dass die beiden Filterpapierstreifen im Wasser hängen.
- ✓ **Achtung: Die Farbpunkte dürfen nicht ins Wasser eintauchen!**

Was hast du beobachtet?

Beschreibe und klebe die getrockneten Filterpapierstreifen daneben!

____

____

____

____

____

Wie erklärst du deine Beobachtung?

____

____

____

Können wir eine Fälschung nachweisen?

Du brauchst:

Geräte: Becherglas (100 ml), Filterpapierstreifen, Holzspan

Stoffe: 2 schwarze Filzstifte (verschiedene Hersteller), Wasser

Aufgabe:

- ✓ Schreibe mit einem schwarzen Filzstift die Zahl 10000 auf das Filterpapier.
- ✓ Ergänze mit dem anderen schwarzen Filzstift eine weitere „0“, so dass die Zahl 100000 entsteht.
- ✓ Fülle ca. 30 ml Wasser in das Becherglas.
- ✓ Pieke wie im vorigen Versuch den Holzspan etwa 1 cm unter dem oberen Rand durch das Filterpapier.
- ✓ Lege den Holzspan nun über das Becherglas, so dass das Filterpapier im Wasser hängt.
- ✓ **Achtung: Die Zahl darf nicht ins Wasser eintauchen!**

Was hast du beobachtet?

Beschreibe und klebe das getrocknete Filterpapier daneben!

____

____

____

____

____

Wie erklärst du deine Beobachtung?

____

____

____

Information:
Fälschungen erkennen durch Chromatographie

Handschriftliche Eintragungen in Dokumenten, die nachträglich eingefügt worden sind, lassen sich durch Chromatographie einfach nachweisen.

- Tinte und Filzstiftfarben sind häufig **Gemische** verschiedener Farbstoffe.
- Die **vermischten Farbstoffe** können mit Hilfe der Chromatographie voneinander **getrennt** werden.
- Die Auftrennung kommt dadurch zustande, dass die einzelnen Farbstoffe an den Papierfasern **unterschiedlich fest haften.**
- Das Wasser dient als sogenanntes **Laufmittel**.
- Es breitet sich im Papier aus und nimmt die gelösten Farbstoffe mit unterschiedlicher Geschwindigkeit mit.
- Stoffe, die gut auf Papier haften, wandern langsam.
- Stoffe, die schlecht auf Papier haften, wandern schneller.
- Durch die unterschiedliche **Laufgeschwindigkeit** werden die Bestandteile des Farbgemisches voneinander getrennt.

Man kann deutlich erkennen, dass die letzte „o“ nachträglich mit einem anderen Stift geschrieben wurde.

Das weiß ich: Chromatographie

Tinte und Filzstiftfarben sind häufig ____________ verschiedener Farbstoffe. Die vermischten ____________________ können mit Hilfe der Chromatographie voneinander _____________ werden.

Die _____________ kommt dadurch zustande, dass die einzelnen Farbstoffe an den Papierfasern unterschiedlich fest haften.

Das Wasser dient als sogenanntes _______________.

Es breitet sich im Papier aus und nimmt die gelösten Farbstoffe mit unterschiedlicher _________________________ mit.

Stoffe, die gut auf Papier haften, wandern________________.

Stoffe, die schlecht auf Papier haften, wandern _______________.

Durch die unterschiedliche ____________________ werden die Bestandteile des Farbgemisches voneinander getrennt.

Durch Chromatographie kann man __________________ in Dokumenten nachweisen.

✓ **Ergänze den Lückentext.**

getrennt, langsam, Gemische, Geschwindigkeit, Farbstoffe, schneller, Fälschungen, Auftrennung, Laufgeschwindigkeit, Laufmittel

Ermittlungen im Fall Reichstein: Chromatographie

Die Polizei hat Heinrich Reichsteins Testament an ein Labor geschickt, um überprüfen zu lassen, ob nachträglich Eintragungen vorgenommen wurden.

Die Chromatographie des Testaments lieferte folgenden Befund:

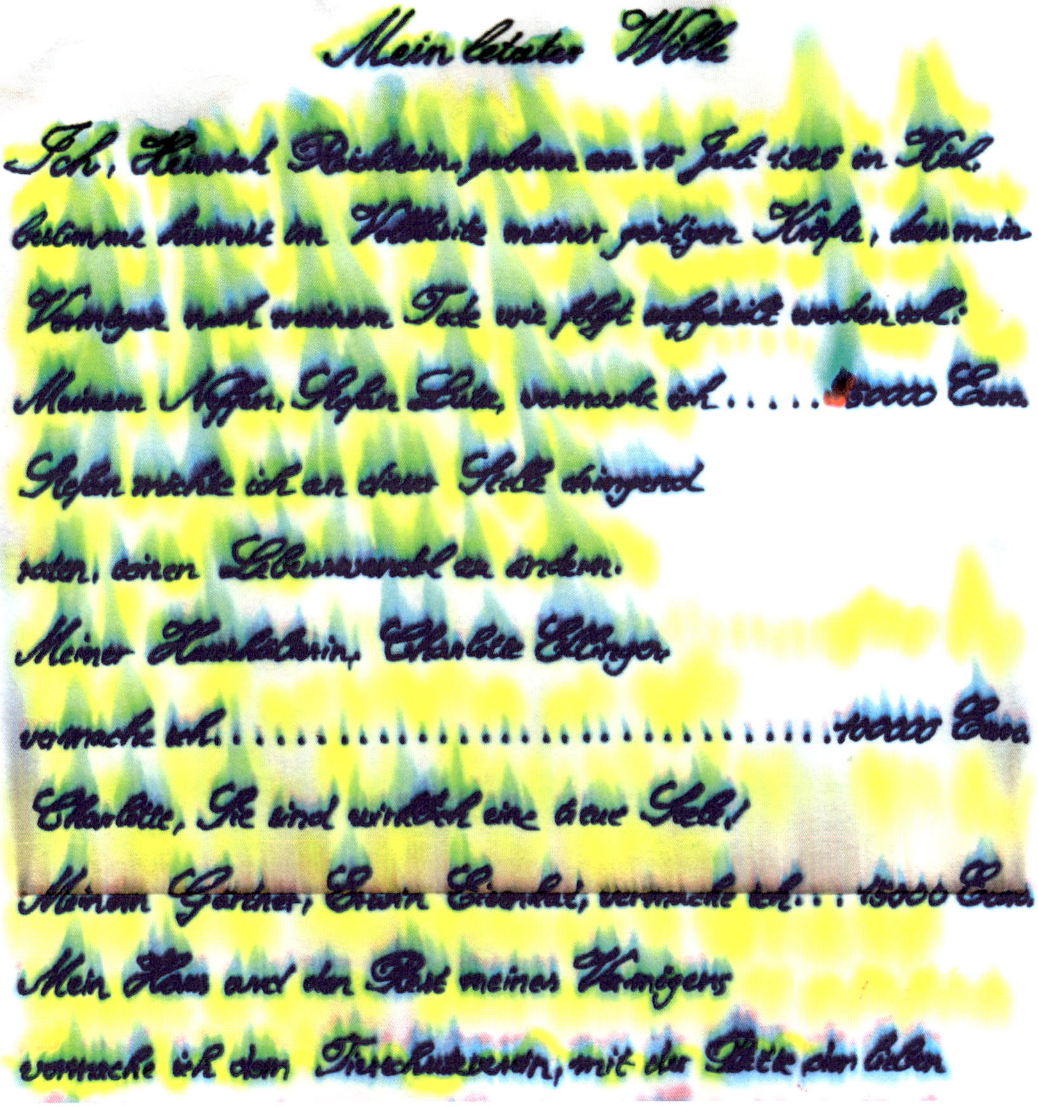

Schreibt auf, was diese Chromatographie beweist:

____

____

____

____

____

Ermittlung im Fall Reichstein: Zeugin Adelheid Lauschner

Zur Klärung des Falles befragt die Polizei auch die Nachbarn des Toten, ob ihnen vielleicht etwas Verdächtiges aufgefallen ist.

Am Tatort eingetroffen, fällt Kommissar Fuchs gleich eine Nachbarin auf, die scheinbar mit Unkrautzupfen beschäftigt ist, in Wirklichkeit aber neugierig verfolgt, was auf Reichsteins Grundstück vor sich geht. Als Kommissar Fuchs sie über den Gartenzaun hinweg fragt, ob sie ihm vielleicht mit sachdienlichen Hinweisen behilflich sein könnte, setzt sie eine wichtige Miene auf, und bittet ihn, zu ihr auf die Terrasse zu kommen. Dort wird Fuchs freudig von zwei schwanzwedelnden jungen Hunden begrüßt. Ihr Frauchen stellt sich ihm als Adelheid Lauschner vor. Nachdem sie den Kripobeamten mit Kaffee und Plätzchen bewirtet hat, lässt sie sich auf der Hollywood-Schaukel zwischen zwei Perserkatzen nieder und beginnt zu erzählen: „ Also, Herr Kommissar, gestern morgen hörte ich rein zufällig, wie der Herr Reichstein eine Auseinandersetzung mit dem Eisenhut, seinem Gärtner, hatte. Das ist so ein undurchsichtiger Mensch, wenn Sie mich fragen. Mir ist der direkt unheimlich. Na, jedenfalls ist der Eisenhut wohl einfach in den Weinkeller vom Reichstein gegangen und hat sich da bedient, und wohl auch nicht zum ersten Mal. Herr Reichstein hatte schon länger das Gefühl, dass teure Weine aus seinem Keller verschwunden sind, aber er war sich da nicht so sicher. Aber gestern hat er dann wohl den Gärtner ertappt, wie der hinten im Gartenschuppen einen von seinen teuren Weinen getrunken hat.

Als er, also Herr Reichstein, den Eisenhut dann zur Rede gestellt hat, da ist der auch noch unverschämt geworden. Er meinte, seit drei Tagen schleift er nun schon diese elende Gartenpforte ab, - sehen Sie, da hinten das hübsche schmiedeeiserne Tor – und da wär es ihm doch nicht zu verübeln, mal ein Gläschen zu trinken.

Ist das nicht die Höhe, Herr Kommissar? Na, jedenfalls ist meinem Nachbarn da der Geduldsfaden gerissen. Wenn Sie mich fragen, war der sowieso viel zu nachsichtig mit dem Eisenhut.

„Eisenhut“, sagt er, „Eisenhut, ich habe Sie immer großzügig für ihre Arbeit entlohnt. Ich habe Sie sogar in meinem Testament bedacht. Aber das haben Sie sich verscherzt, das werde ich ändern und nun auch noch dem Tierschutzverein vermachen. Sie sind fristlos entlassen!“

☞ **Streicht mit einem Textmarker an, welche Hinweise zur Klärung des Mordfalles beitragen könnten.**

Mein Fingerabdruck

Du brauchst:

Geräte: Stempelkissen, Lupe

Aufgabe:

- ✓ Drücke deinen Daumen auf das Stempelkissen.
- ✓ Setze ihn dann auf das Papier und drücke dabei fest auf.
- ✓ Betrachte deinen Fingerabdruck mit der Lupe.
- ✓ Zeichne eine Skizze mit dem Muster deines Abdruckes.
- ✓ Vergleiche nun deinen Fingerabdruck mit den verschiedenen Musterformen und benenne deine Musterform.

Mein ______________ Daumen

Skizze meines Daumenabdruckes

Meine Musterform: ____

Typische Musterformen:

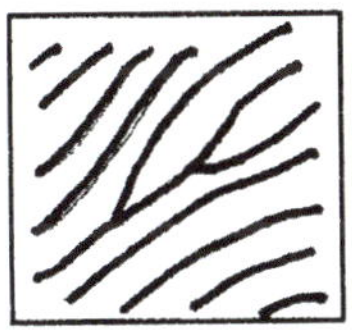
Gabel

Wirbel

Insel

Schleife

Delta

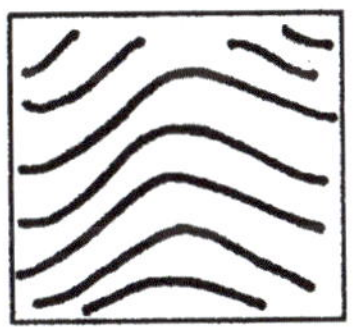
Bogen

Auf Spurensuche: Wir sichern Fingerabdrücke

Du brauchst:

Geräte: Objektträger, breiten Tesafilm, dicken, weichen Pinsel, Lupe, Lineal

Stoffe: Graphitpulver

Aufgabe:

- ✓ Drücke deinen rechten Daumen fest auf den Objektträger.
- ✓ Verteile mit dem Pinsel vorsichtig etwas Graphitpulver über den Fingerabdruck.
- ✓ Klebe nun den Tesafilm auf den Fingerabdruck und streiche mit dem Lineal darüber.
- ✓ Ziehe den Tesafilm ab und klebe ihn in den Kasten.
- ✓ Betrachte den Abdruck mit der Lupe und vergleiche ihn mit deinem Fingerabdruck vom Stempelkissen.

Mein Daumenabdruck

Ich erkenne:

☐ 

☐ 

☐ 

☐ 

☐ 

☐ 

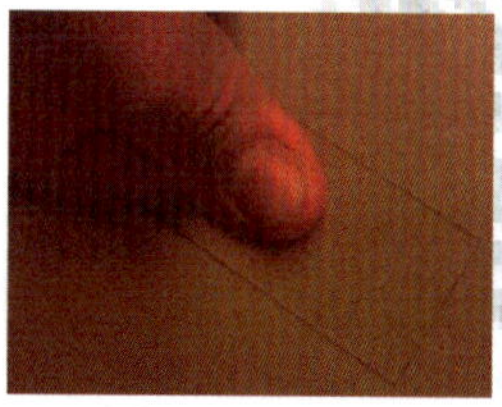
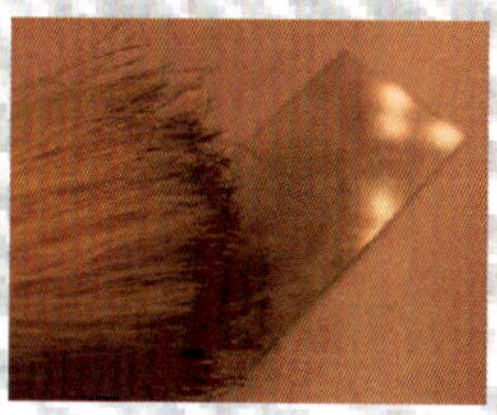
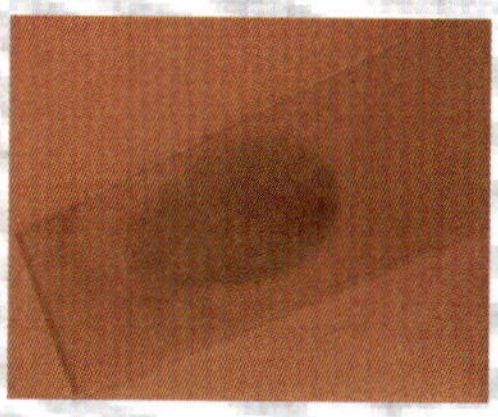
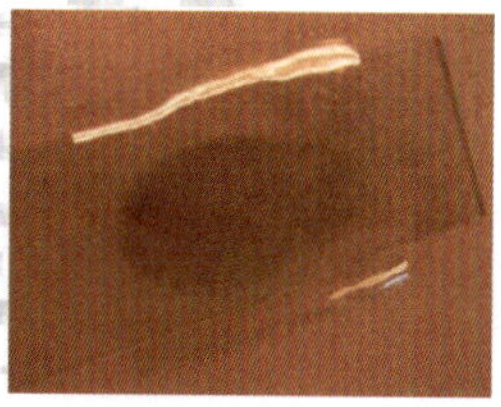

Wir vergleichen Fingerabdrücke

Du brauchst:

Geräte: Stempelkissen, Lupe

Aufgabe:

- ✓ Schreibe die Namen deiner Gruppenmitglieder in die Kästchen.
- ✓ Jeder Schüler aus deiner Gruppe soll nun seinen rechten Daumen auf das Stempelkissen drücken und in sein Kästchen einen Fingerabdruck machen.
- ✓ Betrachte die Fingerabdrücke mit der Lupe und schreibe unter das Kästchen die Merkmale.

Typische Musterformen:

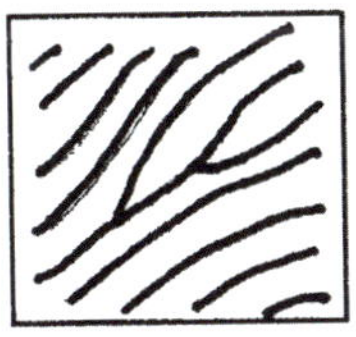

Gabel

Wirbel

Insel

Schleife

Delta

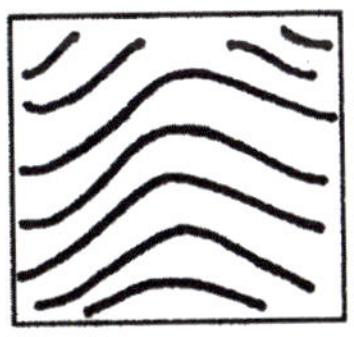

Bogen

Auf Spurensuche: Welcher Fingerabdruck gehört wem?

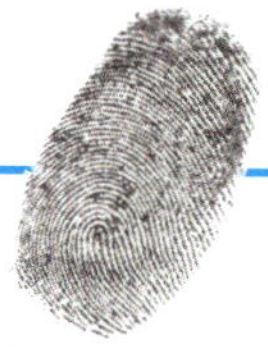

Du brauchst:

Geräte: ein Glas (mit Saft), breiten Tesafilm, breiten, weichen Pinsel, Latexhandschuhe, Lupe

Stoffe: Graphitpulver

Aufgabe:

- ✓ Jeder aus deiner Gruppe nimmt sich ein Glas mit Saft, trinkt es aus und stellt das Glas ab.
- ✓ Bittet einen Mitschüler aus einer anderen Gruppe, die Gläser anders hinzustellen.
- ✓ Er muss sich dafür einen Handschuh anziehen und ihr müsst wegschauen.
- ✓ Nun zieht ihr euch Handschuhe an und jeder nimmt sich ein Glas und versucht Fingerabdrücke zu sichern.
- ✓ Überlege, welches der Daumenabdruck sein könnte.
- ✓ Klebe die Abdrücke in die Kästchen und vergleiche mit den Fingerabdrücken deiner Gruppe vom Stempelkissen.

Daumen				

Die Fingerabdrücke stammen von ______________________________

Typische Merkmale sind: ______________________________

____

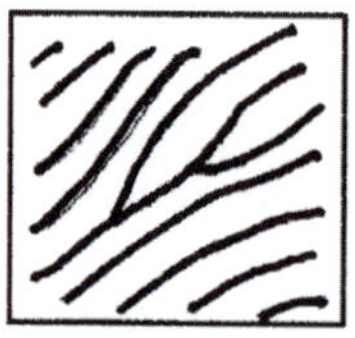

Gabel

Wirbel

Insel

Schleife

Delta

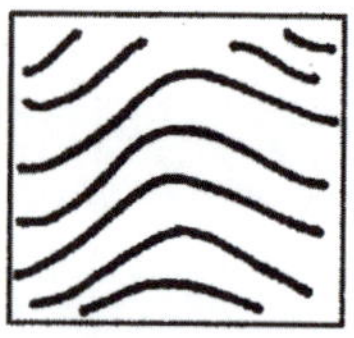

Bogen

Spurenkartei: Fingerabdrücke

- Zur Ermittlungsakte der Polizei gehört auch das Anlegen einer Spurenkartei.
- Im Fall Reichstein hat die Polizei Fingerabdrücke aller Verdächtigen genommen.
- Auch von Heinrich Reichstein selbst hat die Polizei Fingerabdrücke angefertigt.

Heinrich Reichstein

Stefan Lutz
Neffe des Toten

Charlotte Ellinger
Haushälterin

Erwin Eisenhut
Gärtner

✓ Benutze diese Spurenkartei, um herauszufinden, von wem die Fingerabdrücke

- am Schreibtisch,
- am Glas,
- an der Cola-Light Flasche aus der Mülltonne und
- an der Coca-Cola Flasche aus dem Kühlschrank stammen.

Ermittlungen im Fall Reichstein: Fingerabdrücke

Du brauchst:

Geräte: Lupe, Spurenkartei

Die Polizei hat folgende Fingerabdrücke gesichert:

☞ An der Schreibtischschublade:

☞ Am Glas auf dem Nachttisch:

☞ An der Cola Flasche im Kühlschrank

☞ An der Cola-Light Flasche in der Mülltonne

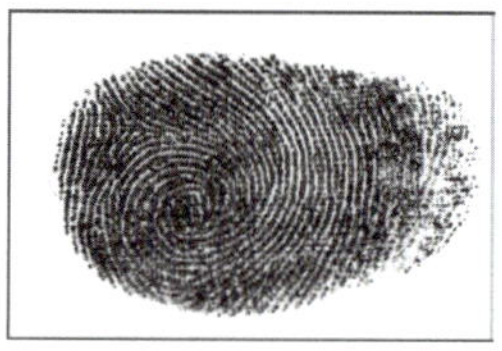

Vergleiche die Fingerabdrücke mit der Spurenkartei und finde heraus, von wem die Fingerabdrücke stammen.

- ✓ Der Fingerabdruck an der Schreibtischschublade stammt von

  ____

- ✓ Die Fingerabdrücke am Glas sind von ____________________

  und ____

- ✓ Der Fingerabdruck an der Cola Flasche im Kühlschrank ist von

  ____

- ✓ Der Fingerabdruck an der Cola-Light Flasche ist von

  ____

Ermittlung: Untersuchung des Getränkerests

- ☞ **Auf dem Nachttisch an Heinrich Reichsteins Bett fand die Polizei ein Glas mit einem dunklen, nach Coca-Cola duftenden Getränkerest.**
- ☞ **Im Labor der Spurensicherung wurde untersucht, welche Inhaltsstoffe das Getränk enthielt.**
- ☞ **Schließlich wurde die Getränke-Probe eingedampft.**

Ermittlungsergebnisse:

✓ Es handelt sich um ein Coca-Cola Getränk.

✓ Das Getränk enthielt außerdem geringe Mengen Alkohol.

✓ Das Getränk enthielt die Pflanzengifte Atropin und Aconitin.

✓ Die eingedampfte Probe sah folgendermaßen aus:

☞ *So sah die Probe aus!*

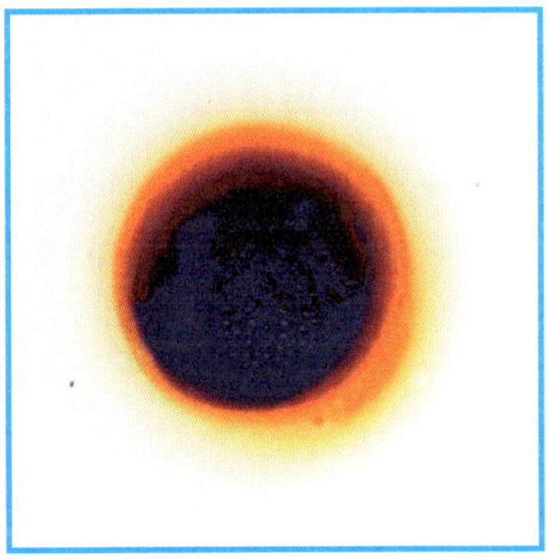

So sah die Probe *nicht* aus!

Kreuze an:

☐ Es handelt sich um Coca-Cola.

☐ Es handelt sich um Coca-Cola-Light.

Frage im Botanischen Garten, welche Pflanzen Atropin und Aconitin enthalten.

Frage auch, warum das Getränk Alkohol enthielt.

Cola oder Cola-light?

- Plane ein Experiment, mit dem du herausfinden kannst, ob es sich bei einer Getränke-Probe um Cola oder um Cola-light handelt.
- Notiere, wie du vorgehst.

Geräte:	**Stoffe:**

Wie gehst du vor?

Zeichne und beschreibe!

Beschreibe, wie die untersuchten Proben aussehen.

Erkläre, warum die Proben so aussehen.

War Zucker im vergifteten Getränk?

Information:

Chemiker können viele Stoffe mit bestimmten Mitteln nachweisen. Der deutsche Chemiker Hermann von Fehling entwickelte ein Verfahren, mit dem man z.B. Zucker ganz einfach nachweisen kann. Man braucht dafür zwei Flüssigkeiten, die ganz bestimmte Salze enthalten. Die erste Lösung – Fehling I – ist farblos, die zweite Lösung – Fehling II – ist blau.

Die Spurensicherung hat diesen Nachweis auch durchgeführt, um herauszufinden, ob das vergiftete Getränk Zucker enthielt. Kannst du dir denken, warum?

Du brauchst:

Geräte: Waage, Messzylinder, Spatel, 250 ml Becherglas, Tropfflasche, Reagenzglas,

Stoffe: Traubenzucker, Fehling I und Fehling II, Wasser

Aufgabe:

- ✓ Stelle zunächst eine 10 prozentige Traubenzucker-Lösung her.
- ✓ Dafür musst du 10 g Traubenzucker und 90 ml Wasser in die Tropfflasche füllen.
- ✓ Gib etwa 2 cm Traubenzucker-Lösung in das Reagenzglas.
- ✓ Tropfe nun jeweils 10 Tropfen Fehling I und Fehling II dazu.
- ✓ Stelle das Reagenzglas in ein Becherglas mit heißem Wasser.

Was hast du beobachtet?

Zeichne und beschreibe!

____

____

____

____

____

War es Cola oder Cola-light?

Information:

Du hast herausgefunden, dass es zu einer **Reaktion** kommt, wenn Fehling I und Fehling II zusammen mit einer zuckerhaltigen Lösung erwärmt werden. Es bildet sich ein **rotbrauner Niederschlag.** Dies ist der **Nachweis** für Zucker.

Finde heraus, ob Cola und Cola-light Zucker enthalten!

Du brauchst:

Geräte: 2 Reagenzgläser, Becherglas, Streichhölzer

Stoffe: Fehling I und Fehling II, Cola und Cola-light

Schreibe auf, wie du vorgehst:

✓ ______

✓ ______

✓ ______

Was hast du beobachtet?

______

______

Was folgerst du daraus?

______

Die Spurensicherung hat bei dem Getränkerest den Fehling-Nachweis durchgeführt.
Es bildete sich **kein** rotbrauner Niederschlag.
Was kannst du daraus schließen?

Ermittlung im Fall Reichstein: Zeugenaussage der Haushälterin

Kommissar Fuchs befragt die Haushälterin, Charlotte Ellinger, ob Heinrich Reichstein am Nachmittag oder Abend vor seinem Tod Besuch hatte.

Kommissar Fuchs findet die Haushälterin in der Küche. Blass und mit verweinten Augen sitzt sie am Küchentisch und starrt auf drei vor ihr liegende Stangen Lauch. „Ach, Herr Kommissar", schnieft sie und putzt sich die Nase, „für wen soll ich jetzt kochen? Heute sollte es Lauchcremesuppe geben. Die liebte Herr Reichstein." Sie öffnet eine weitere Packung Papiertaschentücher und schnäuzt sich erneut. „ Ich verstehe das einfach nicht", schluchzt sie, „ Herr Reichstein war ein rüstiger und lebenslustiger Mensch. Gestern Morgen kam er in die Küche zu mir und hat Scherze gemacht. Er wirkte kerngesund." „Wann haben Sie ihn denn zum letzten Mal gesehen?", fragt Fuchs und zückt sein Notizbuch. „Gestern Mittag", stößt Charlotte zwischen zwei Schluchzern hervor. „Nach dem Mittagessen hat er sich wie immer hingelegt. Ich habe den Abwasch gemacht und bin dann gegangen. Gestern war mein freier Nachmittag, wissen Sie." „Ist Ihnen bekannt, ob Herr Reichstein gestern Nachmittag oder gestern Abend Besuch erwartete?" fragt Fuchs und reicht Charlotte ein neues Taschentuch. „Nein" meint sie „davon hat er nichts gesagt. Aber vielleicht fragen Sie mal den Nachbarn von gegenüber, den Herrn König. Die beiden haben manchmal abends zusammen Schach gespielt und ein Gläschen Rotwein getrunken."Charlotte stutzt plötzlich und denkt einen Moment nach. „ Merkwürdig ist allerdings, dass es heute Morgen im Hausflur ganz sandig war. Gestern habe ich dort gewischt. Als ich gestern Mittag gegangen bin, war alles sauber. Aber das passt eigentlich nicht zu Herrn König", meint sie nachdenklich. „Das ist ein ganz ordentlicher Mensch. Der tritt sich immer die Füße gründlich auf der Fußmatte ab." „Das haben Sie gut beobachtet", lobt sie Kommissar Fuchs anerkennend. „Vielen Dank, Frau Ellinger. Sie haben mir weiter geholfen." Er steckt sein Notizbuch ein und beschließt, Herrn König aufzusuchen.

☞ **Streicht mit einem Textmarker an, welche Hinweise zur Klärung des Mordfalles beitragen könnten.**

Information: Bodenproben

- Aufgrund von Erdresten in den Rillen von Schuhsohlen sind schon oft Täter überführt worden. Man kann nämlich häufig feststellen, wo der Täter zuletzt war.
- Boden besteht aus vielen verschiedenen Stoffen. Die Hauptbestandteile sind Sand, Lehm und Ton.
- Einzelne Sandkörner kann man mit bloßem Auge erkennen. Lehm ist eine Mischung aus sehr feinem Sand und Ton. Ton besteht aus so winzig kleinen Teilchen, dass man sie auch unter der Lupe nicht erkennen kann.
- Gartenerde besteht hauptsächlich aus kompostierten, verwelkten Pflanzen.
- Besonders gut kann man Eisen im Boden nachweisen, denn Eisen ist magnetisch. Man kann also mit einem Magneten leicht herausfinden, ob die Bodenprobe Eisen enthält.

Eisen – ein Stoff mit einer besonderen Eigenschaft

Du brauchst:

Geräte: Petrischale mit Deckel, Magnet, Spatel

Stoffe: Eisenpulver

Aufgabe:

- ✓ Gib mit dem Spatel etwas Eisenpulver in die Petrischale.
- ✓ Verschieße die Petrischale mit dem Glasdeckel.
- ✓ Streiche mit dem Magneten über den Glasdeckel.

Was hast du beobachtet?

Zeichne und beschreibe!

____

____

____

____

____

____

Wie erklärst du deine Beobachtung?

____

____

____

Unter die Lupe genommen 

Du brauchst:

Sicherheitsnadel, Strohhalm, Klarsichthülle, Zeitungspapier, Wasser

Aufgabe 1:

- ✓ Lege einen Zeitungsartikel in die Klarsichthülle.
- ✓ Tropfe mit dem Strohhalm unterschiedlich große Wassertropfen auf die Hülle.
- ✓ Betrachte den Zeitungstext unter den verschiedenen Wassertropfen.

Aufgabe 2:

- ✓ Gib einen Wassertropfen in die Öse der Sicherheitsnadel.
- ✓ Betrachte die Form des Wassertropfens in der Öse.

> Eine **Lupe** ist wie ein Wassertropfen gewölbt. Sie ist in der Mitte dicker als am Rand. Eine Lupe enthält eine **Sammellinse**. Mit ihr kann man Dinge vergrößert betrachten.

Das Binokular

Mit dem Binokular kannst du das vergrößerte Objekt mit beiden Augen sehen. Die betrachteten Gegenstände erscheinen räumlich, fast wie „zum Greifen“.
Binokulare vergrößern zwischen 6- und 40-fach, manchmal auch 100-fach.

Aufgabe:

✓ Lege ein Objekt auf den Objekttisch.

✓ Schalte die Beleuchtung ein.
✓ Stelle das Bild mit dem Drehknopf an der Seite scharf.
✓ Betrachte das Objekt genau.

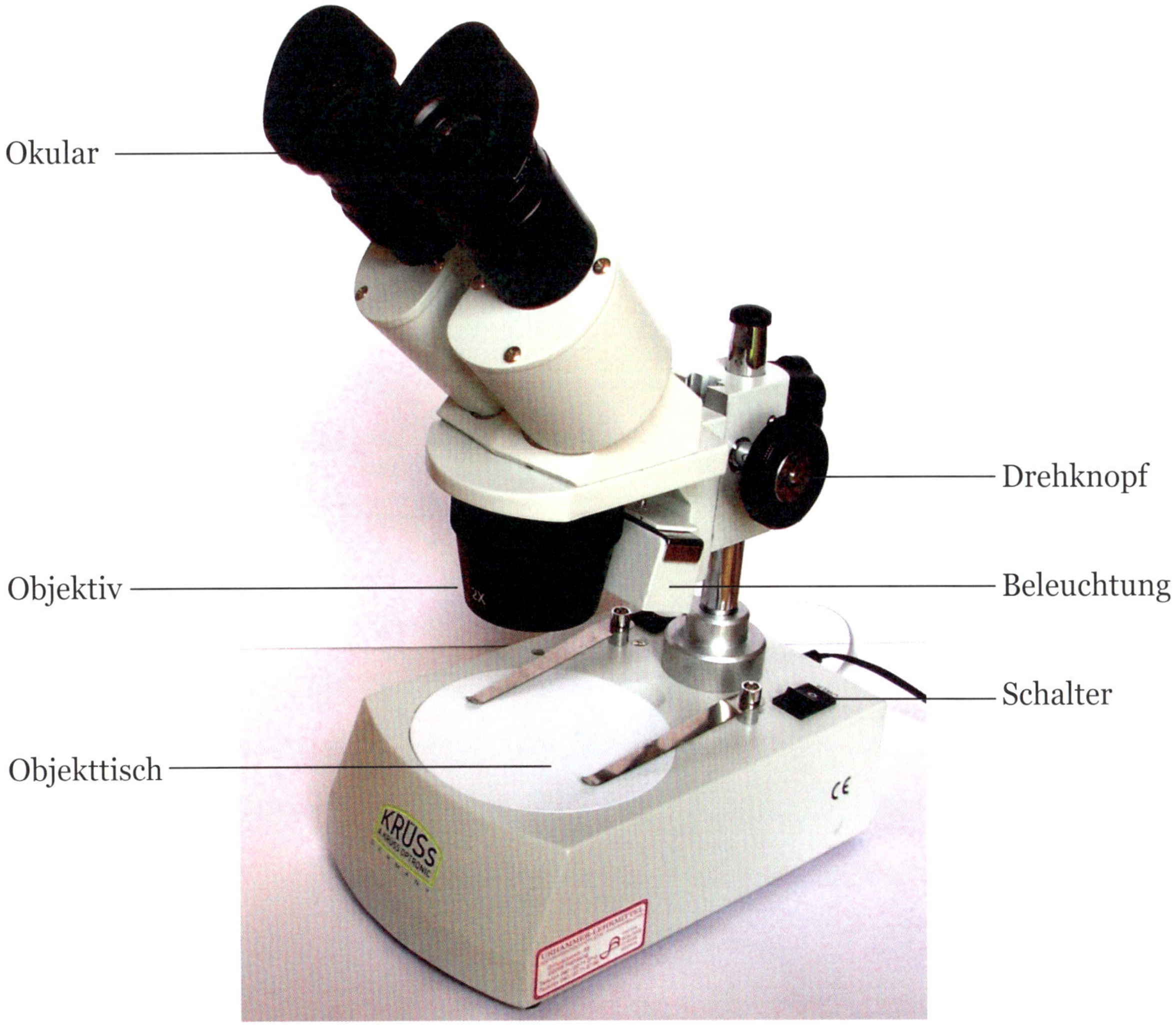

Wo war der Verdächtige zuletzt?

Du brauchst:

Geräte:2 Petrischalen mit Deckel, Magnet, Spatel, Folienstift, Lupe, Binokular

Stoffe: 2 Bodenproben

Aufgabe:

- ✓ Beschrifte die Petrischalen mit der Aufschrift „Bodenprobe I“ und „Bodenprobe II“.
- ✓ Gib nun jeweils etwas Bodenprobe in die Petrischalen.
- ✓ Betrachte die Bodenproben unter der Lupe und unter dem Binokular.
- ✓ Untersuche, ob die Bodenproben Eisen enthalten.

Kreuze an:

	Bodenprobe I	Bodenprobe II
Sand		
Lehm		
Ton		
Gartenerde		
eisenhaltig		

Das weiß ich: Bodenproben

Boden besteht aus vielen verschiedenen Stoffen. Die Hauptbestandteile sind__________, __________ und ______.

Einzelne _______________ kann man mit bloßem Auge erkennen.

Lehm ist eine _______________ aus sehr feinem Sand und Ton.

Ton besteht aus so winzig kleinen _________________, dass man sie auch unter der ____________ nicht erkennen kann.

___________________ besteht hauptsächlich aus kompostierten, verwelkten Pflanzen.

Besonders gut kann man _________ im Boden nachweisen, denn Eisen ist ______________________. Man kann also mit einem _________________leicht herausfinden, ob die Bodenprobe Eisen enthält.

Aufgrund von Erdresten in den Rillen von ___________________ sind schon oft Täter überführt worden. Man kann nämlich häufig feststellen, wo der _______________________ zuletzt war.

✓ Ergänze den Lückentext

Mischung, Gartenerde, Magneten, Sand, Eisen, Schuhsohlen, Lehm, Verdächtige, Ton, Sandkörner, magnetisch, Teilchen, Lupe

Ermittlungen im Fall Reichstein: Bodenproben

Die Polizei hat Erdreste unter den Schuhsohlen der Beteiligten untersucht.
Sie sicherte auch kleine Mengen von Erdresten

- ☞ in der Eingangshalle,
- ☞ am Hintereingang,
- ☞ auf dem Teppich in Reichsteins Schlafzimmer,
- ☞ vor dem Schreibtisch.

Folgende Erdreste wurden unter den Schuhen gesichert:

Schuhsohle des Beteiligten	Bodenprobe	Bemerkungen
Stefan Lutz (Neffe des Toten)		nicht eisenhaltig
Charlotte Ellinger (Haushälterin)		nicht eisenhaltig
Erwin Eisenhut (Gärtner)		eisenhaltig
Dr. Senkfieber (Hausarzt)		nicht eisenhaltig

Folgende Erdreste fand die Polizei im Haus des Toten:

Fundort der Bodenprobe	Bodenprobe	Bemerkungen
Eingangshalle	a  b  c 	keine Probe eisenhaltig
Hintereingang		eisenhaltig
Schlafzimmer	a  b  c 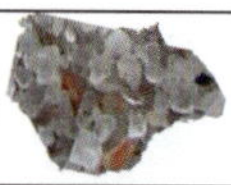	a) eisenhaltig b) nicht eisenhaltig
Vor dem Schreibtisch		nicht eisenhaltig

Ermittlung im Fall Reichstein: Zeugenaussage Wilfried König

Kommissar Fuchs klingelt abends gegen 18.00 Uhr bei Wilfried König. Dieser ist gerade von der Arbeit nach Hause gekommen und weiß offenbar noch nichts vom Tod seines Nachbarn.

Als Fuchs sich vorstellt als Kommissar der Mordkommission und Wilfried König von Heinrich Reichsteins Tod unterrichtet, bittet dieser den Kommissar fassungslos herein und geht mit ihm ins Wohnzimmer. Dort bietet er ihm stumm einen Platz an und lässt sich dann kreidebleich in einen Sessel fallen. Kommissar Fuchs fragt ihn ohne Umschweife, ob er Reichstein am Vortag besucht habe. „Ich hatte es eigentlich vor", meint Wilfried König „aber daraus wurde dann nichts. Ich bin gestern Abend erst gegen zwanzig nach acht nach Hause gekommen. Ich hatte noch einen geschäftlichen Termin. Eigentlich wollte ich mir nur schnell ein Brot schmieren und dann zu Heinrich rüber gehen und mit ihm eine Partie Schach spielen. Ich war ihm noch eine Revanche schuldig. Aber mir fiel gleich auf, dass der weiße VW-Bus in der Auffahrt stand. Der Bus gehört seinem Neffen. Oben ist immer ein Surf-Brett drauf und der Bus ist auch rundherum mit so Blumen beklebt. Darum hab` ich den gleich erkannt. Da hab` ich mir gedacht, wenn sein Neffe zu Besuch ist, dann geh` ich nicht rüber, dann passt das ja nicht. Ich hab` mir dann was zum Essen gemacht. Als ich danach aus dem Küchenfenster geguckt habe, stand das Auto immer noch in der Auffahrt und im Arbeitszimmer brannte Licht. Da bin ich dann hier ins Wohnzimmer gegangen und habe ferngesehen. Ich dachte mir, dann spielen wir halt morgen Schach." Wilfried König verstummt betroffen und stützt den Kopf in die Hände.
„Kennen Sie den Neffen? Wissen Sie etwas über sein Verhältnis zu Herrn Reichstein?" fragt Fuchs. „Tja, der hat dem Heinrich eine Menge Verdruss bereitet", seufzt Wilfried König. „Der hat nur das Surfen im Kopf. Irgendwas studiert der auch, aber fragen Sie mich nicht was. Das weiß der wahrscheinlich selbst nicht mal so genau. Ich glaube, den Heinrich hat er meistens besucht, wenn er Geld brauchte. Dabei hat der ihm ja sowieso schon sein Studium finanziert. Aber damit ist der wohl nicht ausgekommen. Hat immer gleich alles auf den Kopf gehauen."
Kommissar Fuchs bedankt sich und beschließt, den Neffen zu verhören.

☞ **Streicht mit einem Textmarker an, welche Hinweise zur Klärung des Mordfalles beitragen könnten.**

Ermittlungen im Fall Reichstein: Wichtige Fakten

Kommissar Fuchs hat sich einige wichtige Fakten notiert:

- ✓ Der verdächtige Neffe Stefan Lutz hat zögernd zugegeben, seinen Onkel Heinrich Reichstein am Abend seines Todestages gegen 20.00 Uhr besucht zu haben.

- ✓ Er behauptet, sich mit seinem Onkel über sein Studium unterhalten zu haben und sich gegen 21.30 von seinem Onkel verabschiedet zu haben.
- ✓ Er gibt an, den ganzen Tag am Falkensteiner Strand verbracht zu haben.
- ✓ Der Wirt der „Lila Lagune" am Falkensteiner Strand bezeugt, dass Lutz sich dort gegen 12.00 Uhr ein Eis geholt hat und zwischen 14.00 und 15.00 Uhr Currywurst und Pommes frites.
- ✓ Stefan Lutz ist am selben Abend gegen 19.30 Uhr mit seinem VW-Bus in der Nähe vom Falkensteiner Strand bei einer Verkehrskontrolle wegen überhöhter Geschwindigkeit geblitzt worden.
- ✓ Die gerichtsmedizinische Untersuchung hat ergeben, dass der Tod bei Heinrich Reichstein gegen 15.00 Uhr durch Atemlähmung und Herzstillstand eingetreten ist.
- ✓ Im Magen und auch im Blut des Toten wurden die Pflanzengifte Atropin und Aconitin nachgewiesen.

- ➢ Kommissar Fuchs beschließt, seine alte Schulfreundin Camilla Klug aufzusuchen. Die war in der Schule immer unheimlich gut in Naturwissenschaften. Inzwischen ist sie Biologie-Professorin geworden und kennt sich mit Giftpflanzen bestens aus.

☞ **Welche der Aussagen des Neffen Stefan Lutz sind wahr und wann sagt er die Unwahrheit?**

☞ **Kann er der Mörder sein?**

Ermittlung im Fall Reichstein: Verschwundene Tollkirschen

Kommissar Fuchs ruft seine ehemalige Schulfreundin Camilla Klug an, um im Fall Reichstein ihren Rat einzuholen. Die beiden verabreden sich im Botanischen Garten.

Kommissar Fuchs freut sich, Camilla nach langer Zeit wiederzusehen. Das letzte Mal ist er ihr vor acht Jahren bei einem Klassentreffen begegnet. „Sie sieht immer noch verdammt gut aus", denkt er sich und überlegt, wie er es nachher am besten einfädelt, sie abends zum Essen einzuladen. Erst einmal muss er aber seine Fragen zum Fall Reichstein loswerden: „Camilla, kannst du mir etwas sagen über die Pflanzengifte Atropin und Aconitin? In welchen Pflanzen kommen die vor und wie wirken sie?" Camilla sieht ihn forschend an. „Also, dass du mich ausgerechnet das fragst, ist schon recht seltsam", beginnt sie. „Atropin ist das Gift der Tollkirsche *Atropa belladonna*. Sie wächst dort hinten." „Und warum wundert dich meine Frage?", erkundigt sich Fuchs. „Komm, sieh es dir selbst an", meint Camilla entschieden und wendet sich zum Arzneimittelgarten, in dem die Tollkirsche wächst. Sie bleibt vor einer etwa 1,5 m hohen, buschigen Pflanze mit großen Blättern stehen. „Hier, das ist sie. Und nun guck dir das an: Alle Beeren wurden abgepflückt." „Wann ist das passiert?" fragt Fuchs sie. „Das kann ich dir nicht so genau sagen", antwortet Camilla. „Unsere Gärtner haben in den letzten Tagen nicht in diesem Teil des Gartens gearbeitet. Heute Morgen ist es unserem Lehrling aufgefallen. Er hat es sofort gemeldet." „Stammen die Fußspuren von ihm?" Fuchs weist auf das Beet. Rund um die Tollkirsche sieht man mehrere Schuhabdrücke. Camilla schüttelt den Kopf. „Ich glaube nicht", sagt sie. „Ihm sind die Fußspuren nämlich auch aufgefallen, so wie dir jetzt." „Dann weise die Gärtner bitte an, dass niemand dieses Beet betritt. Und sie sollen es auf keinen Fall harken. Ich werde die Spurensicherung herschicken. Die sollen Gipsabdrücke anfertigen. Und von dem Lehrling brauche ich die Schuhe, um sicherzustellen, dass die Spuren nicht von ihm stammen." Kommissar Fuchs hat es jetzt eilig. Er vergisst vollkommen, Camilla zum Essen einzuladen und sich nach dem anderen Giftstoff zu erkundigen.

- **Sucht im Botanischen Garten die Tollkirsche.**
- **Fragt, welche Pflanze den Giftstoff Aconitin enthält.**
- **Erkundigt euch auch, welche Vergiftungserscheinungen durch diese Pflanzen hervorgerufen werden.**

Was blüht denn da?

Alle diese Pflanzen sind Arzneipflanzen. Viele werden zu Arzneitees, Tinkturen, Salben oder Tabletten verarbeitet. Manche sind aber auch sehr giftig. Erkennst du sie?

Aufgabe:

✓ Klebe die richtigen Pflanzennamen unter die Abbildungen.

Pflanzen im Heilkräutergarten

Du brauchst:

Schere, Klebestift

Aufgabe:

✓ Schneide die Pflanzennamen aus und klebe sie unter die passenden Abbildungen auf dem Arbeitsblatt: „Was blüht denn da?“

✂

Weidenröschen	Lavendel	Tollkirsche
Schafgarbe	Fingerhut	Eisenhut
Kamille	Schlafmohn	Ringelblume

Wir sichern Spuren

Du brauchst:

Geräte: **Plastikeimer, Holzstab, Kartonpapier, Stoff, Schere, Tacker, Waage**

Stoffe: **Gipspulver, Wasser**

Aufgabe:

- ✓ Schneide einen 10 cm breiten Streifen Kartonpapier zurecht.
- ✓ Stelle aus dem Kartonpapier-Streifen einen Rahmen her, der so groß ist, dass der Schuhabdruck gerade herein passt.
- ✓ Erzeuge nun in lockerem Boden einen deutlichen Schuhabdruck.
- ✓ Streue 1 kg Gips in 500 ml Wasser und rühre gründlich um.
- ✓ Gieße vorsichtig eine erste Schicht Gips auf die Fußspur.
- ✓ Lege zur Verstärkung ein Stück Stoff auf den Gips.
- ✓ Gieße eine weitere Portion Gips darüber.
- ✓ Sobald der Gips an der Oberfläche fest und trocken wird, lege vorsichtig deine Hand darauf. Was fühlst du?
- ✓ Ungefähr nach einer Viertelstunde ist der Gips ausgehärtet. Nun kannst du den Abdruck vorsichtig aus der Spur nehmen.

➢ Wenn der Gips mit dem Wasser abbindet, findet eine chemische Reaktion statt, bei der Energie in Form von Wärme frei wird.

Ermittlungen im Fall Reichstein: Schuhabdrücke

Die Spurensicherung der Polizei hat Gipsabdrücke der Fußspuren im botanischen **Garten genommen. Die Spuren waren nicht mehr ganz frisch und deshalb etwas** verwischt. Zum Vergleich haben die Ermittler Schuhabdrücke von Stefan Lutz, Erwin Eisenhut und dem Gärtnerlehrling aus dem botanischen Garten genommen.

Spuren im botanischen Garten	Schuhabdruck Stefan Lutz	Schuhabdruck Erwin Eisenhut	Schuhabdruck Gärtnerlehrling
	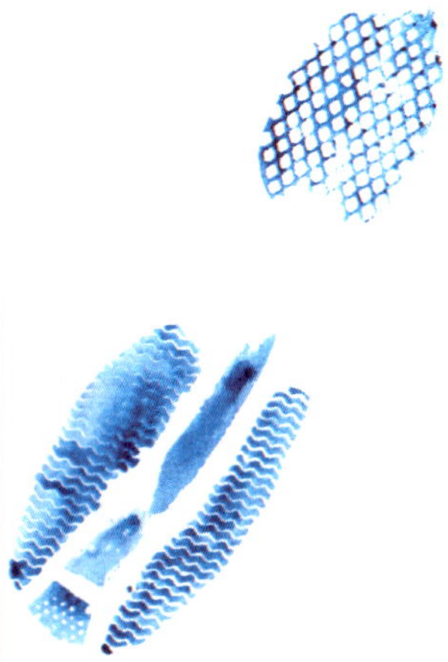	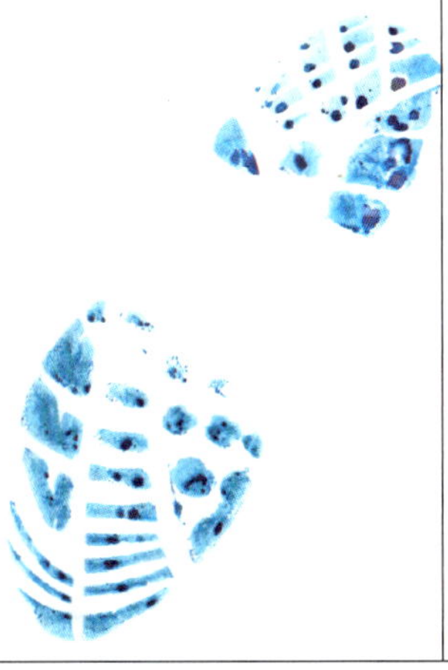	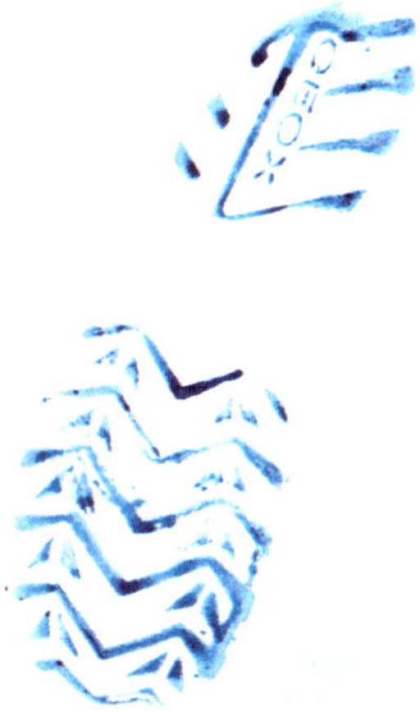

☞ **Vergleiche die verschiedenen Schuhabdrücke miteinander.**

☞ **Die Spuren im botanischen Garten stammen eindeutig von**

____

Ermittlung im Fall Reichstein: Verräterische Fasern

Die Spurensicherung hat im botanischen Garten nicht nur rund um die Tollkirsche Fußspuren entdeckt, sondern auch an einer Stelle am Zaun. Es konnte eindeutig nachgewiesen werden, dass die Schuhabdrücke von den gleichen Schuhen stammen wie die im Arzneimittelgarten. Zusätzlich wurden am Zaun mehrere Haare und Textilfasern gesichert, die an einem Stück Stacheldraht hafteten.
Die Polizei hat daraufhin die Arbeitskleidung des Hauptverdächtigen, Erwin Eisenhut, beschlagnahmt und eine Haarprobe von ihm genommen. In der Jacke wurde tatsächlich ein kleines Loch entdeckt. Nun wurden die gefundenen Textilfasern mit dem Stoff der Jacke unter dem Binokular verglichen. Die Haare wurden ebenfalls untersucht.

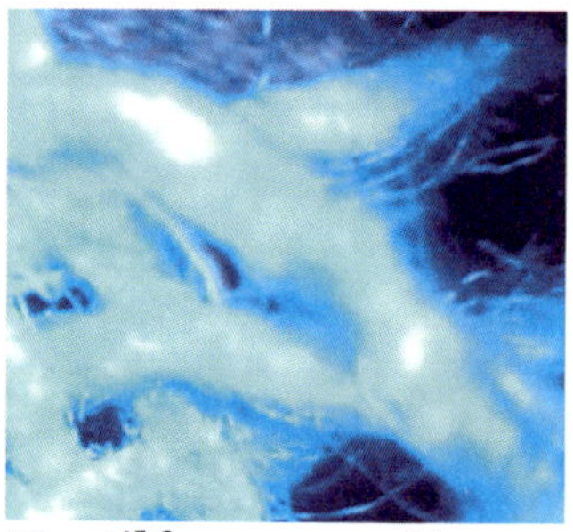
Textilfasern am Zaun

Stoff der Jacke

Haare am Zaun

Eisenhuts Haar

☞ **Welche Schlüsse ziehst du aus diesen Ermittlungen?**

Wir untersuchen Haare und Fasern

Du brauchst:

Geräte: Schere, Lupe, Binokular, Tesafilm

Stoffe: Stoffreste, Wollreste und Haare

Aufgabe:

✓ Schneide sehr kleine Stoffstücke aus und franse die Stoffränder mit den Fingernägeln etwas aus. Du kannst auch versuchen, einzelne Fasern herauszuziehen.

✓ Betrachte die Stoffproben zunächst mit bloßem Auge, dann mit der Lupe und schließlich mit dem Binokular.

✓ Verfahre mit den Wollresten genau so.

✓ Sieh dir nun verschiedene Haare an, wenn möglich auch von Haustieren.

➢ **Fertige Skizzen an und klebe jeweils eine kleine Stoffprobe oder einen Wollfaden dazu.**

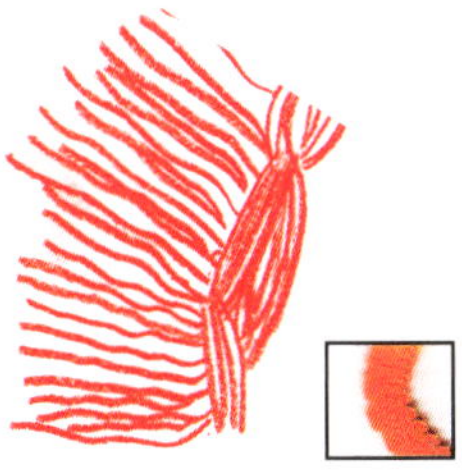

Warum war in der vergifteten Cola Alkohol?

Am Abend nach dem Besuch im Botanischen Garten fasst Kommissar Fuchs sich ein Herz und wählt Camillas Nummer. Camilla hat tatsächlich Lust, mit ihm Essen zu gehen und eine Stunde später sitzen sie in einer gemütlichen, kleinen Tapas-Bar. Dort fragt Fuchs sie, ob sie eine Idee habe, warum in der vergifteten Cola Spuren von Alkohol nachgewiesen werden konnten. Camilla erklärt ihm, dass der Täter wahrscheinlich eine **Tinktur** aus den Giftpflanzen hergestellt hat.

Aufgabe:

- ✓ Auch ihr könnt eine Tinktur herstellen, aber natürlich keine giftige!
- ✓ Nehmt Euch dafür das Arbeitsblatt „Wir stellen eine Tinktur her".
- ✓ Verbindet nun die Satzbausteine mit Strichen.

Wenn man ein Kraut in Alkohol einweicht,	die lange haltbar ist.
Man erhält eine Tinktur,	kann man mit Salbeitinktur gurgeln.
Tinkturen sind Arzneimittel,	dann werden alle Wirkstoffe herausgelöst.
Wenn man Halsschmerzen hat,	die viel stärker als Kräutertee wirken.

Wir stellen eine Tinktur her

Wenn man ein Kraut in *Alkohol* einweicht, dann werden alle Wirkstoffe herausgelöst. Man erhält eine *Tinktur*. Tinkturen sind Arzneimittel. Sie wirken viel stärker als Kräutertee und sind außerdem lange haltbar.

Du brauchst:

Geräte: Schneidebrett, Küchenmesser, dunkles Schraubdeckelglas, dunkle Glasflasche, Etikett

Stoffe: frische oder getrocknete Salbeiblätter, verdünnter Alkohol

Aufgabe:

- ✓ Schneide die Salbeiblätter klein und gib sie in das Schraubdeckelglas.
- ✓ Gieße soviel verdünnten Alkohol darüber, dass die Blätter gerade bedeckt sind.
- ✓ Verschließe das Glas, beschrifte es und stelle es an einen dunklen und kühlen Ort.
- ✓ Nach 10 bis 14 Tagen ist die Tinktur fertig.
- ✓ Gieße sie durch einen Teestrumpf und presse den Rückstand vorsichtig aus.
- ✓ Fülle die Tinktur in eine dunkle Glasflasche und beschrifte sie.

> ➢ Salbeitinktur hilft hervorragend bei Halsschmerzen und Zahnfleischentzündungen. Man tropft dafür 15 Tropfen Salbeitinktur in ein halbvolles Glas mit Wasser und gurgelt damit.

Ermittlung im Fall Reichstein: Warum Cola-light?

Die Spurensicherung hat herausgefunden, dass es sich bei dem vergifteten Getränk um Cola-light handelte. Kommissar Fuchs beschließt, die Haushälterin Charlotte Ellinger noch einmal zu Heinrich Reichsteins Gewohnheiten zu befragen.

Kommissar Fuchs fährt zu Charlotte Ellinger nach Hause in die Helsinki- Straße. Charlotte öffnet ihm mit traurigen Augen und bittet ihn in ihr Wohnzimmer. Ihre kleine Zweizimmerwohnung ist sehr sauber und aufgeräumt. Auf dem Couchtisch liegt eine angefangene Stickarbeit und im Fernsehen läuft ein Liebesfilm von Rosamunde Pilcher. Als Kommissar Fuchs sie fragt, ob Reichstein die Angewohnheit gehabt habe, Coca-Cola zu trinken, huscht ein kurzes Lächeln über ihr Gesicht. Gleich darauf meint sie aber wieder ernst und traurig: „Ja, Herr Reichstein trank immer vor dem Mittagsschlaf und abends vor dem Zubettgehen ein Glas Coca-Cola. Wir haben uns darüber amüsiert, denn eigentlich wird man doch von Coca-Cola wach. Da ist doch Koffein drin." „Wer ist wir?", will Fuchs wissen und zückt seinen Notizblock.

„Na alle!", antwortet Charlotte. „Wer ihn näher kannte, wusste das. Der Erwin, also Herr Eisenhut, sein Neffe, ich, die Nachbarn... Herr Reichstein hat es öfter erzählt, dass er zum Einschlafen ein Glas Coca-Cola trinkt und jeder fand das komisch."

„Trank er denn Coca-Cola, oder Cola-light?", will Fuchs wissen. „Nur Coca-Cola", meint Charlotte ohne zu überlegen. „Ich habe sie immer für ihn eingekauft und ihm auch immer ein gefülltes Glas auf den Nachttisch gestellt. Er mochte die Cola gern etwas abgestanden trinken. Die Kohlensäure hat er nämlich nicht so gut vertragen."

„Versuchen sie sich jetzt genau zu erinnern", beginnt Kommissar Fuchs mit äußerst konzentrierter Miene „ haben Sie ihm auch an seinem Todestag die Cola für seinen Mittagsschlaf gebracht?"

Charlotte überlegt kurz und guckt den Kommissar dann ganz verdutzt an: „Also jetzt wo sie es sagen...", meint sie langsam, „ Ich habe mir erst gar nichts dabei gedacht. Es war nämlich so: Nach dem Mittagessen ist der Herr Reichstein kurz im Badezimmer gewesen und ich bin mit dem Cola-Glas nach oben gegangen. Aber da stand schon ein volles Glas auf dem Nachttisch und da dachte ich mir, dass er sich schon selbst ein Glas geholt hat. Da bin ich mit meiner Cola wieder in die Küche gegangen und habe sie selber ausgetrunken.

„Ist Ihnen sonst noch etwas Ungewöhnliches aufgefallen?“, fragt Fuchs sie leise. „Hm“, überlegt Charlotte und meint dann zögernd: „ Also, beim Mittagessen da war mir einmal so, als hätte ich ein Knarren auf der Treppe gehört. Herrn Reichstein ist das gar nicht aufgefallen. Er ist ein bisschen..., er war ein bisschen schwerhörig.“, seufzt Charlotte und fährt dann fort: „Ich bin aufgestanden und habe einen Blick ins Treppenhaus geworfen, aber es war niemand zu sehen. Herr Reichstein hat gelacht und meinte, dass es jetzt vielleicht bei ihm spukt. „Nun setzen Sie sich mal hin, Charlotte. Das ist ein altes Haus. Da knarrt es eben manchmal im Gebälk“, hat er gemeint.“

Bei den letzten Worten kommen Charlotte die Tränen. „Tut mir leid, Herr Kommissar, dass ich Ihnen das nicht schon früher gesagt habe. Aber daran hatte ich gar nicht mehr gedacht. Ich bin so durcheinander! Ich hab` Herrn Reichstein so gern gehabt.“

Kommissar Fuchs streicht ihr mitfühlend über die Schulter. „Ist schon gut.“, meint er sanft und wendet sich zum Gehen. Dann hält er plötzlich inne und dreht sich noch einmal zu Charlotte um: „Frau Ellinger, wissen Sie eigentlich, was Herr Reichstein mit dem Tierschutzverein zu tun hatte?“ Charlotte sieht ihn verständnislos an und meint langsam: „Eigentlich nichts, aber seine Nachbarin, die Frau Lauschner, hat den Verein vor zwei Jahren gegründet.“

Welchen Verdacht hat Kommissar Fuchs?

☞ **Notiert, wie ihr vorgehen würdet.**

Ermittlung: Fasern, Haare, Schuhabdrücke

Kommissar Fuchs hat Schuhe, Kleidung und Haare von Adelheid Lauschner untersuchen lassen.

Verschiedene Textilproben von Adelheid Lauschners Kleidung

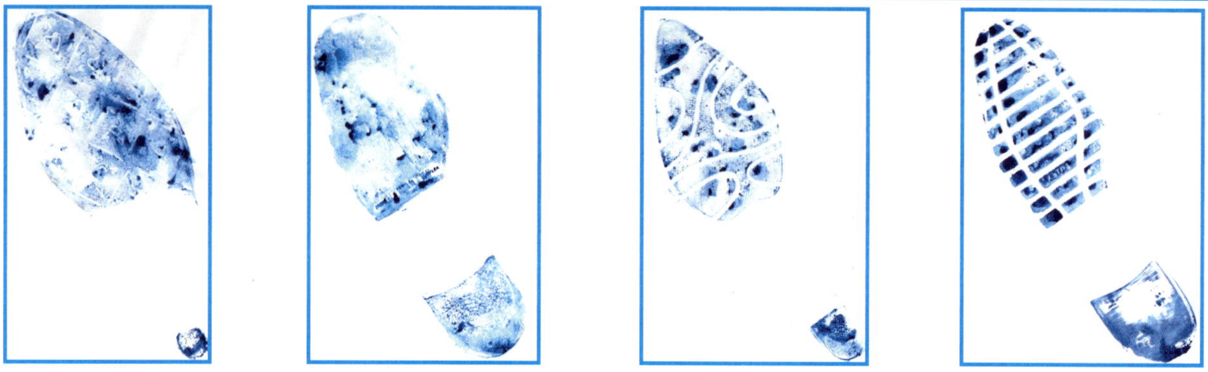

Verschiedene Schuhabdrücke von Adelheid Lauschners Schuhen

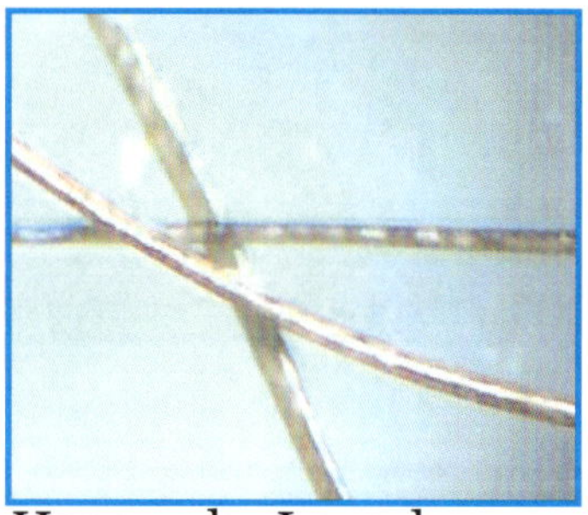

Haarprobe Lauschner

- *Kommissar Fuchs hat auch Spuren von Erde unter Frau Lauschners Schuhen untersuchen lassen. Unter einem der Schuhe fand man eisenhaltige Gartenerde.*
- *In Frau Lauschners Kühlschrank fand man eine angebrochene Cola-light-Flasche.*

Welche Schlüsse ziehst du aus diesen Ermittlungen?

Eigene Notizen

Hast du einen Verdacht?

Notiere wichtige Fakten und Verdachtsmomente.

Eigene Notizen

Hast du einen Verdacht?

Notiere wichtige Fakten und Verdachtsmomente.

Heinrich Reichstein, ein rüstiger alter Herr, wird tot in seinem Bett aufgefunden. Sein Hausarzt zweifelt an einer natürlichen Todesursache. Auf dem Nachttisch steht ein Glas mit einem Getränkerest. Am Testament werden nachträgliche Veränderungen nachgewiesen.

Eine Nachbarin belauscht einen Streit kurz vor Heinrich Reichsteins Tod. Verschiedene Erdreste werden im Haus des Toten gefunden...

Wie starb Heinrich Reichstein und wer war sein Mörder?

Um den Mordfall zu lösen, müsst ihr arbeiten wie ein Kriminalbeamter bei der Spurensicherung. So werdet ihr beispielsweise Fingerabdrücke nehmen und typische Musterformen vergleichen. Verschiedene Bodenproben, Haare und Textilfasern müssen mit Lupe und Binokular untersucht werden. Getränke werden eingedampft, Nachweise durchgeführt und Tinkturen hergestellt. Um den Mörder zweifelsfrei zu überführen, müsst ihr Zeugenaussagen auswerten und logische Schlussfolgerungen ziehen.

9783834009128

Schneider Verlag Hohengehren GmbH · www.paedagogik.de